LEVEL
2

사이언스 리더스

# 화산이 폭발했다!

앤 슈라이버 지음 | 김아림 옮김

 비룡소

**앤 슈라이버 지음 |** 초등학교 교사로 일하다가 어린이 콘텐츠 기획자이자 작가로 20년 넘게 활동하고 있다. 「신기한 스쿨버스」 시리즈를 TV 애니메이션으로 개발하였고, 그 밖에 다수의 어린이 콘텐츠 개발에 참여하였다.

**김아림 옮김 |** 서울대학교에서 공부하고 같은 대학원 과학사 및 과학철학 협동 과정에서 석사 학위를 받았다. 출판사에서 과학책을 만들다가 지금은 책 기획과 번역을 하고 있다.

### 내셔널지오그래픽 키즈 사이언스 리더스
### LEVEL 2 화산이 폭발했다!

1판 1쇄 찍음 2024년 12월 20일 1판 1쇄 펴냄 2025년 1월 15일
지은이 앤 슈라이버 옮긴이 김아림 펴낸이 박상희 편집장 전지선 편집 이가윤 디자인 손은경
펴낸곳 (주)비룡소 출판등록 1994.3.17.(제16-849호) 주소 06027 서울시 강남구 도산대로1길 62 강남출판문화센터 4층
전화 02)515-2000 팩스 02)515-2007 홈페이지 www.bir.co.kr 제품명 어린이용 반양장 도서 제조자명 (주)비룡소
제조국명 대한민국 사용연령 3세 이상 ISBN 978-89-491-6914-9 74400 / ISBN 978-89-491-6900-2 74400 (세트)

**사진 저작권** Cover, Digital Vision; 1, Robert Glusic/PhotoDisc/Getty Images; 2, Bychkov Kirill/Shutterstock; 4-5, Jabruson/NPL/Minden Pictures; 6, Stuart Armstrong; 8-9, Arctic Images/Alamy Stock Photo; 9 (map data), NOAA; 10, Doug Perrine/Blue Planet Archive; 11, Pierre Vauthey/Sygma via Getty Images; 12, NG Maps; 14-15, J.P. Eaton/USGS; 14 (UP), WEDA/EPA; 14 (LO), Goodshoot/Corbis; 15 (UP), Mike Doukas and Julie Griswold/USGS; 15 (LO), Pete Oxford/ Minden Pictures; 16-17, Phil Degginger/Mira Images; 16 (LO), NASA/JPL; 18, Corbis via Getty Images; 20-21, Francesco Ruggeri/Getty Images; 20, Alberto Masnovo/Shutterstock; 22, NASA; 22 (LO), Cyrus Read/Alaska Volcano Observatory/ USGS; 24 (UP), PhotoDisc; 24 (LO), Corbis via Getty Images; 25 (UP), Corbis via Getty Images; 25 (LO), Rebecca Freeman; 26, John Stanmeyer/National Geographic Image Collection; 27 (UP), NASA/JPL/University of Arizona; 27 (CTR), Martin Rietze/Barcroft Media/Getty Images; 27 (LO), Art Wolfe/ Getty Images; 28, Jon Cornforth Blue Planet Archive; 29 (UP), LaChouettePhoto/Getty Images; 29 (CTR), Joseph Van Os/Getty Images; 29 (LO), Bo Zaunders/Getty Images; 30-31, Norbert Rosing/National Geographic Image Collection; 32 (UP LE), Digital Vision; 32 (UP RT), Jabruson/NPL/Minden Pictures; 32 (CTR LE), Stuart Armstrong; 32 (CTR RT), Bryan Lowry/Blue Planet Archive ; 32 (LO LE), Jeremy Horner/ Getty Images; 32 (LO RT), Cyrus Read/Alaska Volcano Observatory/USGS

# 이 책의 차례

# 활활 타오르는 산

펑, 천둥 같은 소리를 내면서 화산이
폭발했어!

화산에서 쏟아져 나온 새까만 **화산재**와
증기가 하늘을 뒤덮어. 뜨거운 **용암**은 마치
불타는 강처럼 화산의 옆면을 타고 흐르지.

저런, 미처 피하지 못한 주변의 나무와
동물들이 까맣게 타거나 재에 파묻히고
말았어.

**Q** 항상 기분이 상해 있는 산은?  **A** 화산

콩고민주공화국의
니아물라기라 화산

## 화산 용어 풀이

화산재: 화산에서 솟아 나온 것 가운데 크기가 작은 알갱이.

용암: 땅속에서 녹은 암석이 밖으로 나온 것.

# 화산의 구조

지표면 밖으로 나온 마그마를
용암이라고 해. 용암이
단단하게 굳어서 암석이
되고, 그 위로 화산재가 점점
쌓이면 화산이 되지.

화산재

분화구

용암

마그마 방

**화산**은 땅속에 있던 마그마가 땅을 뚫고 나와서 만들어진 산이야. 땅속에서 암석이 녹은 것을 **마그마**라고 하지. 암석이 어떻게 녹을 수 있냐고? 깊은 땅속은 단단한 암석도 녹일 만큼 무척 뜨겁거든. 땅속에는 엄청난 양의 마그마가 웅덩이처럼 괴어 있어. 이 마그마 웅덩이를 **마그마 방**이라고 한단다. 마그마는 가끔 **지표면**의 틈새를 찾아 흘러나와. 이때 마그마가 뚫고 나오는 자리를 **분화구**라고 해.

## 화산 용어 풀이

마그마 방: 엄청난 양의 마그마가 깊은 땅속에 괴어 있는 것.

지표면: 땅의 겉면.

분화구: 마그마와 화산재 등이 나오는 구멍.

7

# 땅이 흔들흔들

그러면 지표면의 틈새는 어떻게 생겨난 걸까? 지구의 땅은 **지각판**이라고 하는 조각으로 쪼개져 있어. 여러 개의 크고 작은 지각판들은 퍼즐처럼 이어져 있지. 그런데 이 지각판들은 가만히 있지 않고 서서히 움직여. 그렇게 움직이다가 서로 멀어지거나 부딪히는데, 이때 틈새가 생기는 거야.

북아메리카
유럽
대서양
아프리카
남아메리카
태평양

── 지각판 경계

대서양 중앙 해령

대서양 중앙 해령은 바다 밑의 두 지각판이 뜯겨 나가듯 양쪽으로 멀어지고, 그 사이로 마그마가 올라와 굳으면서 만들어진 산맥이야. 세계에서 가장 긴 산맥이기도 해.

**Q** 마그마의 반대말은?　**A** 뭘 하음마.

아이슬란드의 싱베틀리르
두 지각판이 서로 멀어지면서
생긴 거대한 골짜기야.

**화산 용어 풀이**

지각판: 지구의 겉면을 덮고 있는 암석 판.

# 화산섬의 탄생

두 지각판 사이에 생긴 커다란 틈새를 따라
마그마가 올라오면서 화산이 생겨. 이런 일은
바닷속에서도 벌어지지.

약 6000만 년 전에 바닷속 화산이 엄청나게
많은 용암을 쏟아 내면서 새로운 땅이 생겼어.
바다 한가운데에 커다란 섬이 자라난 거야.
이 섬의 이름은 바로 아이슬란드란다.
그리고 약 60년 전에도 아이슬란드와
가까운 바닷속에서 화산이 폭발하면서
쉬르트세이섬이라는 새로운 섬이 생겼지.

쉬르트세이섬

북유럽 신화 속에 나오는
불의 거인인 수르트의
이름을 따서 이 섬의 이름을
붙였어.

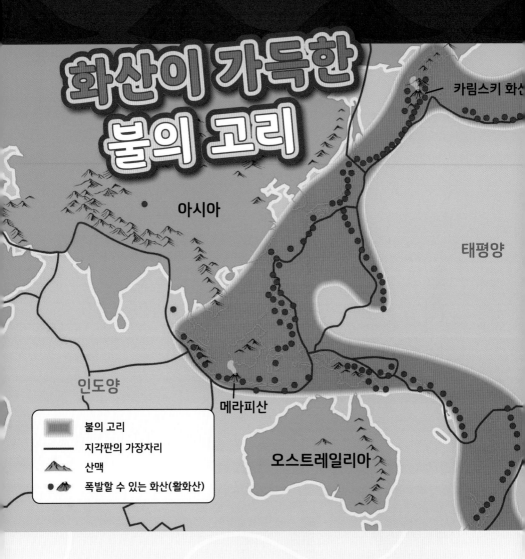

# 화산이 가득한 불의 고리

카림스키 화산

아시아

태평양

인도양

메라피산

불의 고리
지각판의 가장자리
산맥
폭발할 수 있는 화산(활화산)

오스트레일리아

지각판들은 움직이다 서로 부딪치면서 한쪽
지각판이 다른 쪽 위로 밀려 올라가기도 해.
이때 충격으로 화산이 폭발하거나 지진과
**쓰나미**가 일어나곤 하지.

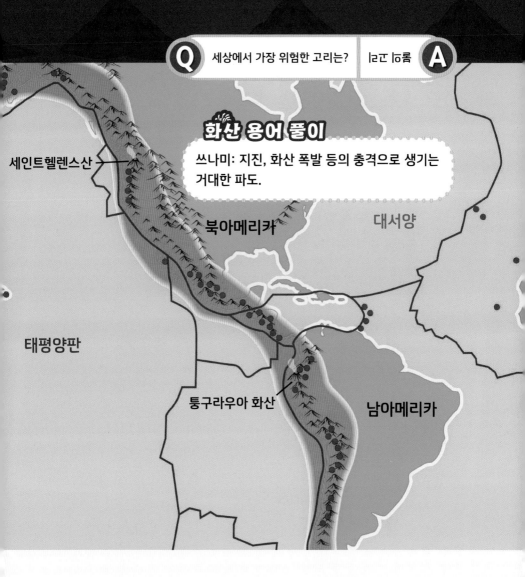

### 화산 용어 풀이

쓰나미: 지진, 화산 폭발 등의 충격으로 생기는 거대한 파도.

세인트헬렌스산

북아메리카

대서양

태평양판

퉁구라우아 화산

남아메리카

이런 일이 많이 나타나는 지각판이
태평양판이야. 이것의 가장자리를
'환태평양조산대' 또는 '불의 고리'라고 해.
세계에서 화산 활동이 가장 활발한 곳이야.

# 불의 고리에서 도착한 엽서

## 용암처럼 화끈한 사랑을 담아!

인도네시아의 메라피산

## 흰 눈처럼 새하얀 마음이 너를 그리며 폭발하네!

러시아의 카림스키 화산

모락모락 김처럼
따뜻한 마음,
너만을 위해 피어올라.

미국 워싱턴주의
세인트헬렌스산

지옥처럼 뜨거운
안데스산맥도
너와 함께라면!

에콰도르의 퉁구라우아 화산

# 여러 가지 화산의 모양

모든 화산이 다 똑같이 생긴 건 아니야.
화산은 모양에 따라 여러 종류로 나뉜단다.

**순상 화산**은 방패를 엎어 놓은 것처럼
옆면의 기울기가 완만한 화산이야. 뜨겁고
묽은 용암이 넓게 퍼져 차곡차곡 쌓이면서
만들어졌어.

**화끈한 화산 정보**

화성에도 화산이 있어! 이름은
올림퍼스 몬스 화산이야. 순상 화산이지.
태양계에서 가장 큰 화산이라고 해.

하와이의 마우나로아산

대표적인 순상 화산으로는
하와이섬에 있는 마우나로아산이
있어. 하와이의 신화에서는 불과 화산의
여신 펠레가 마우나로아산에서 살고 있다고
전해져. 그래서 펠레가 화를 낼 때마다
화산이 엄청나게 폭발한다나 뭐라나.

멕시코의 파리쿠틴 화산

아이스크림콘을 엎어 놓은 것처럼 생긴 **분석구 화산**도 있어. 분석구 화산은 옆면의 기울기가 가파르고, 분화구가 아주 커. 엄청나게 큰 폭발로 만들어지는 화산이지.

파리쿠틴 화산은 널리 알려진 분석구 화산이야. 1943년 어느 날, 멕시코의 한 옥수수밭에서 폭발이 일어나 빨리 커진 화산이라고 해. 파리쿠틴 화산은 무려 9년 동안 폭발을 거듭했어. 그동안 봉우리가 솟아올라서 100층짜리 엠파이어 스테이트 빌딩만큼이나 높은 화산이 되었단다.

화끈한 화산 정보

파리쿠틴 화산은 1952년에 활동을 멈췄지만 화산과 가까운 땅은 여전히 뜨거워! 과학자들은 파라쿠틴 화산이 45억 톤에 이르는 화산재와 암석들을 쏟아 냈을 거라고 추측해.

원뿔 모양의 **성층 화산**도 알아보자. 성층
화산은 화산재와 용암이
번갈아 쌓이고 굳어지면서
만들어진 화산이야.

이탈리아의 에트나산

에트나산에서
뜨거운 용암이
흐르고 있어.

대표적인 성층 화산으로는 이탈리아의
에트나산이 있어. 세계에서 가장 활발한
활화산이자 성층 화산이야. 2024년 7월에도
폭발했대!

# 화산에 생긴 호수

**화구호**는 화산의 분화구에 물이 괴어 생긴 호수야. 언뜻 보면 평범한 호수처럼 보이지. 우리나라 제주도 한라산의 백록담이 대표적인 화구호란다.

화산이 폭발할 때 분화구 주변의 땅이 무너지면서 생긴 **칼데라**에 호수가 생기기도 해. 백두산의 천지, 미국 마자마산의 크레이터호가 대표적인 **칼데라호**야.

## 화산 용어 풀이

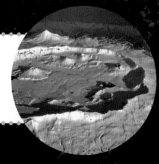

칼데라: 화산이 강하게 폭발할 때 분화구 주변이 무너지면서 커다랗게 움푹 파인 곳.
칼데라호: 칼데라에 물이 고여 만들어진 호수.

미국 마자마산의 크레이터호

마자마산의 분화구 속에서 또 폭발이 일어나면서 만들어진 분석구야.
화산 속의 화산이라고도 할 수 있지. 마귀할멈의 모자처럼 생겼다고
해서 위저드섬으로 불려. 마귀할멈 또는 마녀를 영어로는 위저드
(wizard)라고 하거든.

# 용암이 굳어서 만들어진 암석

## 파호이호이 용암의 암석

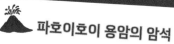 파호이호이 용암의 암석

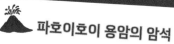 어떻게 만들어질까?

뜨겁고 묽은 용암이 빠르게 흐르고 굳으면서 만들어졌어. 우리나라의 화산섬인 제주도에서 볼 수 있어.

 특징

아름답고 기묘한 밧줄 모양이야.

## 아아용암의 암석

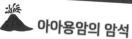 아아용암의 암석

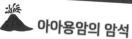 어떻게 만들어질까?

끈적거림이 적은 용암이 굳으면서 만들어진 암석 무더기야. 이 암석도 제주도에서 쉽게 만날 수 있어.

 특징

밟으면 신발 바닥이 뚫릴 만큼 거칠고 날카로워.

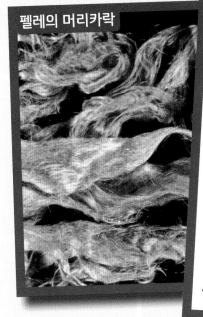
펠레의 머리카락

 펠레의 머리카락

 어떻게 만들어질까?

용암이 분수처럼 공기 중에 흩뿌려지다가 실처럼 가늘고 길게 늘어져 식으면서 생겨. 하와이의 킬라우에아 화산에서 볼 수 있어.

 특징

머리카락처럼 무척 가늘고 길어! 가끔은 작은 눈물 모양의 조각이 펠레의 머리카락 끄트머리에 맺히기도 해. 이걸 '펠레의 눈물'이라 불러.

부석

 부석

어떻게 만들어질까?

화산이 폭발할 때 용암이 갑자기 식으면서 안에 있던 기체가 갇혀 만들어진 암석이야. 백두산에 부석이 많아.

 특징

구멍이 많아서 물에 뜰 정도로 가벼워.

# 화산과 관련된 뜨거운 기록들

불의 고리 위에 있는 인도네시아는 화산이 400여 개나 있어. 지구에서 화산 폭발이 가장 많이 일어나는 곳이지.

활화산이 45개나 있는
인도네시아의 자바섬

## 화산 용어 풀이

위성: 지구의 달처럼 행성 주위를 도는 얼음이나 암석 덩어리.

활화산: 지금도 화산 활동을 계속하고 있는 화산.

태양계에서 화산 활동이 가장 활발한 곳은 목성의 **위성** 중 하나인 이오야.

인도네시아의 크라카타우 화산은 1883년에 역사상 가장 큰 소리로 폭발했어. 폭발음이 약 4000킬로미터 떨어진 곳에서도 들렸지.

에트나산은 높이가 약 3323미터로, 유럽의 **활화산** 가운데 가장 높아.

# 후끈후끈 열점

지구 깊은 곳, 마그마가 터져 나오는 곳을

**열점**이라고 해. 열점에서 마그마가 땅을 뚫고

솟아오르면 화산이 생기지. 지구에서

가장 후끈한 곳을 방문하고 싶다면

열점을 찾아봐!

하와이 제도를 이루는 모든 섬은
화산섬이야. 바다 밑바닥에서
만들어지기 시작해 점점 커져 수면
위로 튀어나왔지. 그중 하와이섬의
킬라우에아 화산은 여전히 활발한
활화산이야. 이 화산이 폭발하는 동안
하와이섬은 점점 커져.

일본 규슈섬의 주민들은
온천물로 달걀을
삶기도 해.

일본 나가노현의
지고쿠다니 원숭이
공원에서 온천욕을 즐기는
야생 원숭이들을 만나
보자!

화산 폭발로 만들어진
섬나라, 아이슬란드에
가면 화산 덕분에 따뜻하게
데워진 자연 풀장에서
신나게 헤엄칠 수 있어.

# 힘차게 솟아오르는 간헐천

미국의 옐로스톤 국립 공원은 아주 오래된
초대형 화산의 칼데라 위에 있어. 그래서
늘 아래에 뜨거운 마그마가 부글거리고,
지하수가 끓지.

특히 이곳은 **간헐천**으로 유명해. 간헐천이
300개도 넘는다지. 간헐천이 뭐냐고?
칼데라 아래에 마그마로 끓여진 땅속 물이
일정한 시간 간격을 두고 땅 위로 폭발하듯
터져 나오는 온천이야. 지구가 만든 신비한
분수라고 할 수 있지!

## 마그마
땅속에서 암석이 녹은 것.

## 용암
마그마가 밖으로 나온 것.

이 용어는 꼭 기억해!

## 마그마 방
마그마가 깊은 땅속에 괴어 있는 것.

## 분화구
마그마와 화산재 등이 나오는 구멍.

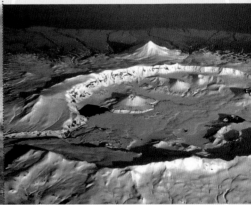

## 쓰나미
지진이나 화산 폭발 등의 충격으로 생기는 거대한 파도.

## 칼데라
화산이 강하게 폭발할 때 분화구 주변이 무너지면서 커다랗게 움푹 파인 곳.